# SUPPLÉMENT

## A LA GÉOMÉTRIE, A L'ALGÈBRE

### ET A LA TRIGONOMÉTRIE

A L'USAGE DES CANDIDATS AU BACCALAURÉAT ÈS SCIENCES

Par **EYSSÉRIC** ET **PASCAL**

Professeurs de Mathématiques

Auteurs du Cours de Mathématiques théorique et pratique, approuvé
par le Conseil supérieur de l'Instruction publique.

PARIS.

Chez LANGLOIS ET LECLERCQ, Libraires.
rue des Mathurins-St-Jacques, 10.

CARPENTRAS.

L. DEVILLARIO, IMPRIMEUR-LIBRAIRE.

1853

# SUPPLÉMENT

## A LA GÉOMÉTRIE, A L'ALGÈBRE

### ET A LA TRIGONOMÉTRIE.

# AVIS DES ÉDITEURS.

—

Ce Supplément, destiné aux élèves qui ont déjà les premières éditions de la Géométrie et de l'Algèbre, n'est que provisoire. En effet, les auteurs se proposent de modifier leur Cours de Mathématiques pour le mettre en complète harmonie avec les nouveaux programmes des baccalauréats ès lettres et ès sciences. Ces modifications n'auront lieu qu'à dater de la *sixième édition* pour la Géométrie, et de la *cinquième édition* pour l'Algèbre.

# SUPPLÉMENT

# A LA GÉOMÉTRIE, A L'ALGÈBRE

# ET A LA TRIGONOMÉTRIE

### A L'USAGE DES CANDIDATS AU BACCALAURÉAT ÈS SCIENCES

## Par EYSSÉRIC et PASCAL

Professeurs de Mathématiques

Auteurs du Cours de Mathématiques théorique et pratique, approuvé par le Conseil supérieur de l'Instruction publique.

## PARIS.

Chez LANGLOIS ET LECLERCQ, Libraires,
Rue des Mathurins Saint-Jacques, 10.

---

### CARPENTRAS.

L. DEVILLARIO, IMPRIMEUR - LIBRAIRE.

1853

# SUPPLÉMENT

# A LA GÉOMÉTRIE.

## N° 1.

PROBLÈME. *Mener une tangente commune à deux cercles.*

**Première méthode.** Soient C et D (*fig.* 1) les deux circonférences données ; du centre C de la plus grande, avec un rayon CT, égal à la différence CS — DB des rayons donnés, décrivez la circonférence concentrique CT ; de l'autre centre D menez une tangente DT à circ. CT ; prolongez le rayon CT jusqu'à sa rencontre S avec la grande circonférence ; menez du centre D le rayon DB parallèle à CS ; enfin tracez la droite SB qui sera la tangente demandée.

*Démonstration.* Le rayon CS est perpendiculaire à la tangente DT (GÉOM. *page* 42), et puisque nous avons mené DB parallèle à CS, DB et DT sont aussi perpendiculaires ; mais l'hypothèse CT = CS — DB donne ST = DB ; par conséquent, la droite SB est parallèle à TD, et, comme cette dernière, perpendiculaire à la fois aux rayons CS, DB : donc SB est tangente aux deux circonférences données.

*Remarque.* Cette construction donne deux tangentes.

**Deuxième méthode.** Dans les cercles donnés (*fig.* 2), menez deux diamètres parallèles AB, MN ; joignez leurs extrémités par une droite AM qui ira rencontrer la ligne des centres en un point O ; par ce dernier point construisez une tangente O*t* à l'une des circonférences, et O*t*T sera aussi tangente à l'autre circonférence.

*Démonstration.* Cette construction repose sur le théorème suivant : *la tangente commune à deux cercles et les sécantes menées par les extrémités des diamètres parallèles concourent en un même point, situé sur la ligne des centres.*

Pour le démontrer, observons que, les cercles donnés étant de rayons différents, la tangente T*t* et la sécante AM ne peuvent pas être parallèles à la ligne des centres CD (Géom. *page* 82). En conséquence, appelons S le point de rencontre entre la tangente T*t* et la ligne des centres CD ; nommons O l'intersection de la sécante AM avec CD, et prouvons que S et O sont un seul et même point.

En effet, à cause des rayons parallèles CT, D*t*, nous avons deux triangles semblables SCT, SD*t* qui donnent la proportion

$$SC : SD :: CT : Dt ;$$

de même, les rayons parallèles CA, DM, déterminent deux autres triangles semblables OCA, ODM, qui donnent aussi

$$OC : OD :: CA : DM ,$$

or, ces deux proportions ont un rapport commun, puisque dans le même cercle les rayons sont égaux ; ainsi les deux premiers rapports seront pareillement égaux et nous aurons la troisième proportion

$$SC : SD :: OC : OD ;$$

cette dernière donne

$$SC - SD : SD :: OC - OD : OD$$

ou bien  $$SC - SD : OC - OD :: SD : OD.$$

Mais les points d'intersection S et O appartiennent tous les deux à la ligne des centres, et, quelle que puisse être leur position respective sur cette ligne, on aura toujours

$$SC - SD = CD, \text{ et } OC - OD = CD;$$

donc la dernière proportion ci-dessus revient à la proportion identique

$$CD : CD :: SD : OD$$

laquelle exige que $SD = OD$, et que par conséquent les deux points S et O se confondent en un seul.

*Observation.* Pour la construction du problème demandé, on peut mener la sécante par les extrémités opposées des diamètres S parallèles, comme on le voit (*fig.* 3), alors le point de concours O de la secante BM et de la ligne des centres se trouve situé entre les deux cercles, ainsi que la tangente T$t$.

D'ailleurs ici le problème offre encore deux solutions pour chacune des deux positions indiquées.

### N° 2.

*Relations entre le carré construit sur le côté d'un triangle, opposé à un angle aigu ou obtus, et les carrés construits sur les deux autres côtés.*

### LEMME 1.

*Le carré construit sur la somme de deux droites est équivalent au carré de la première, plus le carré de la seconde, plus deux fois le rectangle de ces deux droites.*

Soient M et N les deux droites proposées ; prouvons qu'on aura $(M + N)^2 = M^2 + N^2 + 2M \times N$. Sur une droite indéfinie (*fig.* 4), prenons $AB = M$, $BD = N$ ; et sur la somme

AD construisons un carré ADSR ; faisons AH $=$ AB $=$ M et élevons les perpendiculaires respectives HL, BP qui, en se coupant à angle droit au point O, diviseront le carré total en quatres parties.

La première partie ABOH est le carré de AB ou $M^2$.

La seconde SPOL est le carré de BD ou $N^2$. Enfin les deux autres parties BDLO, HOPR, sont deux rectangles égaux formés sur les droites données, puisque HO $=$ BO $=$ AB $=$ M, et que OP $=$ OL $=$ BD $=$ N, ou bien $2M \times N$.

Donc enfin $\quad (M + N)^2 = M^2 + N^2 + 2M \times N$.

## LEMME II.

*Le carré construit sur la différence de deux droites est équivalent au carré de la première, plus le carré de la seconde, moins deux fois le rectangle de ces deux droites.*

C'est-à-dire que M et N étant les droites données, on aura $(M - N)^2 = M^2 + N^2 - 2M \times N$.

Prenons AB $=$ M (*fig.* 5), BD $=$ N, pour avoir la différence AD $=$ M $-$ N. Sur la grande ligne AB construisons le carré ABGH $= M^2$ ; prolongeons GB d'une quantité BS $=$ BD $=$ N, et achevons le carré BSRD $= N^2$ ; alors la figure totale AHGSRD $= M^2 + N^2$. Portons ensuite la différence AD de A en P, de B en T, joignons PT et prolongeons RD jusqu'en O. Par cette construction nous aurons formé le carré demandé ADOP $= (M - N)^2$, et de plus les rectangles égaux PHGT $=$ OTSR $=$ M $\times$ N, car PT $=$ OR $=$ AB $=$ M, et PH $=$ DB $=$ N. Donc on a $(M - N)^2 = M^2 + N^2 - 2M \times N$.

## THÉOREME 1.

*Dans tout triangle le carré construit sur le côté opposé à un angle aigu est égal à la somme des carrés des deux côtés qui comprennent cet angle, moins deux fois le rectangle d'un de ces côtés par la projection de l'autre sur celui-ci.*

Soit le triangle ACB (*fig.* 6) dont l'angle A est aigu et dont CD est la hauteur, je dis qu'on aura

$$[a] \qquad \overline{BC}^2 = \overline{AB}^2 + \overline{AC}^2 - 2AB \times AD.$$

En effet, la perpendiculaire CD détermine deux triangles rectangles, et l'on a (GÉOM. *page* 102)

$$[b] \qquad \overline{BC}^2 = \overline{CD}^2 + \overline{DB}^2.$$

Mais, afin d'introduire dans cette expression les côtés AB, AC, observons que BD = AB — AD, et qu'en vertu du lemme II, on aura

$$\overline{BD}^2 = \overline{AB}^2 + \overline{AD}^2 - 2AB \times AD;$$

donc, si l'on substitue cette valeur de $\overline{DB}^2$ dans l'égalité [b] on obtiendra

$$[c] \qquad \overline{BC}^2 = \overline{CD}^2 + \overline{AB}^2 + \overline{AD}^2 - 2AB \times AD$$

Mais le triangle rectangle ACD donne $\overline{CD}^2 + \overline{AD}^2 = \overline{AC}^2$, et par cette nouvelle substitution l'égalité [c] devient la formule primitive [a]?

## THÉORÈME II.

*Dans un triangle obtusangle ABC (fig. 7), le carré construit sur le côté opposé à l'angle obtus est égal à la somme des carrés des deux autres côtés, plus deux fois le rectangle construit sur l'un de ces côtés et sur la projection de l'autre.*

C'est-à-dire que si l'on abaisse la hauteur CP, on aura

$$[a] \qquad \overline{BC}^2 = \overline{AB}^2 + \overline{AC}^2 + 2AB \times AP.$$

En effet, le triangle rectangle CPB donne

$$[b] \qquad \overline{BC}^2 = \overline{CP}^2 + \overline{BP}^2.$$

Mais BP $=$ AB $+$ AP, et d'après le lemme I,

$$\text{on a alors} \quad \overline{BP}^2 = \overline{AB}^2 + \overline{AP}^2 + 2AB \times AP;$$

cette valeur, mise dans l'égalité [b], donne

$$[c] \qquad \overline{BC}^2 = \overline{CP}^2 + \overline{AB}^2 + \overline{AP}^2 + 2AB \times AP$$

et comme $\overline{CP}^2 + \overline{AP}^2 = \overline{AC}^2$ l'égalité [c] revient à l'égalité [a].

## Nº 3.

THÉORÈME. *Le rapport des angles dièdres est le même que celui des angles plans correspondants.*

Soient les deux angles dièdres AB, GH (*fig.* 8) dont les angles plans correspondants sont COD, NMP. Par les sommets O et M, avec un même rayon, décrivons les arcs de cercle CD, NP ; cherchons leur commune mesure (GÉOM. *page* 46), et, pour fixer les idées, admettons que l'unité trouvée soit contenue 5 fois dans l'arc NP et 12 fois dans arc CD.

Cela posé, si par chacun des points de division de l'arc NP et par l'arête GH on fait passer des plans, on divisera l'angle dièdre GH en 5 angles dièdres égaux entre eux. Par la même raison, l'angle dièdre AB sera divisé en 12 parties égales par les plans conduits suivant l'arête AB et chacun des points de division de l'arc CD ; de plus, les angles dièdres partiels de l'une des figures seront nécessairement égaux à ceux de l'autre ; on aura donc les deux proportions :

angles plans    NMP : COD :: 5 : 12

angles dièdres    GH : AB :: 5 : 12

ce qui démontre le théorème énoncé.

Il résulte de là que la mesure des angles dièdres se réduit à celle de leurs angles plans correspondants.

### N° 4.

THÉORÈME. *Chaque face d'un angle trièdre est plus petite que la somme des deux autres.*

Supposons que dans l'angle trièdre S (*fig.* 9) la face postérieure ASB soit la plus grande. Sur le plan de cette face prenons une portion ASD égale à la face ASC, et joignons deux points quelconques A et B, des arêtes SA, SB par une droite AB qui coupera SD en D ; ensuite faisons SC = SD et joignons les droites CA, CB.

Cette construction donne d'abord deux triangles égaux SAC = SAD , comme ayant un angle égal compris entre côtés égaux : donc côté AC = AD. Or, la droite ADB est plus petite que la brisée ACB ; par conséquent, DB < CB. Mais alors, les deux triangles SDB, SCB auront deux côtés égaux chacun à chacun et le troisième côté inégal ; il faudra donc que les angles opposés à ces côtés inégaux soient pareillement inégaux, c'est-à-dire que l'on ait angle DSB < angle CSB : donc enfin on aura ASD + DSB, ou bien ASB < ASC + CSB.

## Nº 5.

**THÉORÈME.** *Si l'on prolonge les arêtes d'un angle trièdre au-delà du sommet, on formera un nouvel angle trièdre qui ne peut lui être superposé, bien qu'il soit composé des mêmes éléments.*

Soit un angle trièdre SABD (*fig.* 10). Si l'on prolonge ses arêtes au-delà du sommet S, on construira un second angle trièdre S*abd* dont les trois angles plans seront égaux, chacun à chacun, à ceux du premier, comme angles opposés au sommet ; de plus l'angle dièdre SA et l'angle dièdre S*a* sont égaux comme formés par l'intersection des deux plans dont A*a* est l'arête commune ; par la même raison l'angle dièdre SB = S*b* et l'angle dièdre SD = S*d*.

En conséquence, ces deux angles trièdres, opposés au sommet, ont tous leurs éléments égaux chacun à chacun. Néanmoins ces deux étendues ne sont pas superposables, c'est-à-dire qu'il est impossible de les appliquer l'une dans l'autre de manière à ce qu'elles coïncident à la fois par tous leurs points : c'est que les parties égales ont une disposition inverse. En effet, si l'on détachait ces deux angles trièdres de leur sommet commun S et qu'on appliquât, par exemple, la face S*ad* sur son égale SAD, on verrait que la face S*ab* serait à droite pendant que son égale SAB resterait à gauche : donc la superposition est impossible.

Par cette raison ces deux angles trièdres sont appelés *symétriques.*

*Observation.* Dans la construction précédente, si l'on admet de plus que l'on prenne les longueurs égales SA = S*a*, SB = S*b*, SD = S*d*, et qu'on joigne par des droites les points A, B, D et *a, b, d,* on formera deux tétraèdres qui auront tous leurs éléments égaux chacun à chacun ; mais ces deux volumes, ayant leurs parties égales et inversement situées, ne peuvent être superposés l'un à l'autre et ne sont donc pas égaux dans l'acception rigoureuse du mot. Mais on dit qu'ils sont *égaux par symétrie.*

## N° 6.

*Deux pyramides triangulaires qui ont un angle dièdre égal, compris entre deux faces semblables et semblablement placées, sont semblables.*

Soient les deux tétraèdres SABD, *sabd* (*fig.* 11) dans lesquels on suppose l'angle dièdre SA égal à l'angle dièdre *sa* ; la face SAB semblable à *sab*, et SAD semblable à *sad*.

D'après ces données, l'angle trièdre S sera égal à l'angle trièdre *s*, et l'on pourra porter le petit tétraèdre dans le grand, en faisant coïncider ces angles solides égaux, de telle sorte que le petit tétraèdre *sadb* prenne la position SMNP.

Mais, à cause des triangles semblables SAB, *sab*, le côté *ab* devenu MN sera parallèle à AB, et par la même raison MP sera parallèle à AD : donc le plan MNP sera parallèle à la base ABD, et par conséquent le tétraèdre SMNP ou son égal *sabd* est semblable à SABD. (GÉOM. *page* 199.)

## N° 7.

*Décomposition des polyèdres semblables en pyramides triangulaires semblables.*

-Dans les polyèdres semblables, on peut toujours mener des diagonales homologues qui sont proportionnelles, comme aussi on peut déterminer arbitrairement, dans l'intérieur de ces polyèdres, des points homologues, c'est-à-dire tels que les distances respectives de ces points aux sommets homologues des polyèdres soient proportionnelles.

Cela posé, si l'on a deux polyèdres semblables P, P', et que par deux points intérieurs homologues on mène des droites à tous les sommets, on décomposera chaque polyèdre en autant de pyramides qu'il aura de faces, et les pyramides qui composeront le polyèdre P' seront respectivement semblables, chacune à chacune, à celles du polyèdre P comme ayant toutes leurs arêtes proportionnelles et leurs angles dièdres et polyèdres égaux, chacun à chacun. Mais à leur tour ces couples de pyramides semblables seront décomposables en un même nombre de tétraèdres semblables, chacun à chacun : donc le théorème énoncé est démontré.

## N° 8.

*Extension de la mesure d'un cylindre droit à bases circulaires, à celle d'un cylindre droit à bases quelconques.*

Quelle que soit la forme de la courbe qui sert de limite à la base d'un cylindre quelconque, on pourra toujours considérer cette courbe comme la réunion d'une infinité d'*éléments rectilignes* infiniment petits, ainsi que nous l'avons admis pour la circonférence d'un cercle ; en conséquence, un cylindre droit ou oblique et à bases quelconques ne sera autre chose qu'un prisme droit ou oblique, composé d'une infinité de faces latérales infiniment étroites ; dès lors la mesure de l'aire et du volume de ce genre de cylindre ne peut offrir aucune difficulté, car elle se trouve ramenée à la mesure d'un prisme.

## N° 9.

*Mesure du volume engendré par un triangle tournant autour d'un axe mené dans son plan par un de ses sommets.*

Cette mesure dépend du théorème suivant : *Le volume engendré par un triangle tournant autour d'un axe mené par un de ses sommets, a pour mesure le tiers du produit qu'on obtient en multipliant la surface convexe que décrit la base du triangle par la hauteur de ce même triangle.*

Pour démontrer ce théorème, supposons d'abord que l'on demande le volume engendré par le triangle ABC (*fig. 12*) tournant autour du côté AC. Si l'on abaisse la perpendiculaire BD, on voit que le volume produit sera composé de deux cônes dont la base commune est circ. BD ; on aura donc (GÉOM. *page* 218)

$$V = \tfrac{1}{3}\, \pi\overline{BD}^2 \times AD + \tfrac{1}{3}\, \pi\overline{BD}^2 \times CD$$

et à cause du facteur commun $\tfrac{1}{3}\, \pi\overline{BD}^2$, on aura

$$V = \tfrac{1}{3}\, \pi\overline{BD}^2 \times (AD + CD);$$

ou
$$V = \tfrac{1}{3}\, \pi\overline{BD}^2 \times AC;$$

ou bien encore $\quad V = \tfrac{1}{3}\, \pi BD \times BD \times AC;$

mais $BD \times AC$ est le produit de la base AC par la hauteur BD du triangle ABC, et donne le double de l'aire de ce triangle ; d'un autre côté, le produit $AB \times CP$ exprime aussi le double de l'aire du même triangle ABC, donc

$$AB \times CP = BD \times AC;$$

on peut donc écrire l'expression ci-dessus comme il suit :

$$V = \tfrac{1}{3}\, \pi BD \times AB \times CP;$$

mais $\pi BD \times AB$ est la surface conique engendrée par le côté AB (Géom. *page* 218); on a donc enfin

$$V = \tfrac{1}{3} \text{ surf. } AB \times CP,$$

ce qui répond à l'énoncé du théorème.

En second lieu, admettons que le triangle proposé ABC tourne autour d'un axe CS qui passe par le sommet C (*fig.* 13).

En prolongeant la base AB jusqu'à sa rencontre S avec l'axe CS, on verra que le volume engendré par le triangle donné est la différence des volumes produits par les triangles CSB, CSA; c'est-à-dire que l'on a

$$V = \text{vol. } CSB - \text{vol. } CSA$$

ou bien, d'après le 1er cas,

$$V = \tfrac{1}{3} \text{ surf. } BS \times CP - \tfrac{1}{3} \text{ surf. } AS \times CP.$$

Mais, à cause du facteur commun CP, cette dernière expression devient

$$V = \tfrac{1}{3} CP \,(\text{surf. } BS - \text{surf. } AS)$$

ou bien $\qquad V = \tfrac{1}{3} \text{ surf. } BA \times CP,$

résultat conforme à celui du premier cas.

Enfin, supposons que le côté AB du triangle ABC (*fig.* 14) soit parallèle à l'axe SS'.

Si l'on abaisse les perpendiculaires AP et BO on verra que le volume engendré par le triangle ABC est égal à celui du cylindre formé par la rotation du rectangle ABOP, diminué de deux cônes décrits par les côtés AC et BC; c'est-à-dire que l'on aura :

$$\text{volume du cylindre} = \pi \overline{BO}^2 \times AB,$$

$$\text{volume des deux cônes} = \tfrac{1}{3} \pi \overline{BO}^2 \times AB;$$

la différence de ces volumes donne évidemment pour le volume cherché

$$V = \frac{2}{3}\, \pi\overline{BO}^2 \times AB$$

ou bien
$$V = \frac{2}{3}\, \pi BO \times BO \times AB$$

ou bien encore

$$V = \tfrac{1}{3} \times 2\pi BO \times AB \times BO;$$

mais $2\pi BO \times AB$ exprime la surface convexe décrite par le côté $AB$, donc enfin

$$V = \tfrac{1}{3}\ \text{surf. } AB \times BO;$$

le théorème est donc démontré pour les trois positions de la base $AB$.

## Nº 10.

*Extension du nº précédent au volume engendré par un secteur polygonal régulier tournant autour d'un axe mené dans son plan et par son centre.*

Soit ABCD (*fig. 15*) une portion de polygone régulier tournant autour de l'axe XY qui passe par le centre O. Le volume engendré se composera de la somme des volumes produits par chacun des triangles partiels ODC, OCB, OBA... Mais dans ces triangles isocèles égaux les perpendiculaires abaissées du sommet commun O sur les bases seront toutes égales à l'apothème OP; on aura donc

$$\text{vol. } ODC = \tfrac{1}{3}\ \text{surf. } CD \times OP$$
$$\text{vol. } OCB = \tfrac{1}{3}\ \text{surf. } CB \times OP$$
$$\text{vol. } OBA = \tfrac{1}{3}\ \text{surf. } AB \times OP$$

et en ajoutant on a enfin

$$V = \tfrac{1}{3}\ \text{surf. } ABCD \times OP$$

2*

ou bien $\quad$ . $\mathrm{V} = \text{surf. ABCD} \times \tfrac{1}{3}\ \mathrm{OP}$.

C'est-à-dire *que le volume engendré par une portion de polygone régulier, tournant autour d'un axe qui passe par le centre, a pour mesure la surface décrite par le périmètre multipliée par le tiers de l'apothème de ce polygone.*

COROLLAIRE I. *Volume du secteur sphérique.*

Ce volume se déduit immédiatement de ce théorème ; en effet, un secteur circulaire peut être considéré comme un secteur polygonal régulier d'une infinité de côtés : donc on aura pour le volume du secteur sphérique :

$$\mathrm{V} = \text{surf. zône} \times \frac{\mathrm{R}}{3}.$$

COROLLAIRE II. *Volume de la sphère entière.*

Les mêmes considérations s'appliquent à un demi-cercle tournant autour de son diamètre, c'est-à-dire à la sphère entière ; on aura donc pour le volume d'une sphère :

$$\mathrm{V} = \text{surf. sphérique} \times \frac{\mathrm{R}}{3}.$$

### Nº 11.

PROBLÈME. *Mener une tangente à l'ellipse par un point extérieur.*

On sait que dans une ellipse *la tangente et la normale en un point sont les bissectrices des angles formés par les rayons vecteurs menés à ce point* (GÉOM. *page* 229).

Cela posé, soient F, F′ les foyers de l'ellipse donnée (*fig.* 16) et O le point extérieur d'où l'on veut mener une tangente. Du point O avec un rayon OF égal à sa distance au foyer voisin, on décrira un arc de cercle *mn* ; de l'autre foyer F′, avec un rayon égal au grand axe AB, on décrira un autre arc *xy* qui coupera le premier en un point R ; on joindra ce point au foyer F′ et le point de rencontre T avec la courbe sera le point de tangence. Enfin on mènera la droite OT qui sera la tangente demandée.

*Démonstration*. En effet, d'après la propriété connue de l'ellipse, on a F′T + TF = AB ; or, par construction F′T + TR = AB : donc TF = TR. Mais on a de plus OF = OR ; par conséquent la droite OT est perpendiculaire au milieu de FR et fait les angles égaux OTF = OTR = STF′ : donc enfin OS est tangente à l'ellipse.

## Nº 12.

PROBLÈME. *Mener une tangente à la parabole par un point extérieur.*

*La tangente à la parabole fait des angles égaux avec le rayon vecteur et avec la parallèle à l'axe menée par le point de tangence* (GÉOM. *page* 231).

Cela posé, soient TAB une parabole (*fig.* 17), F son foyer, DS sa directrice, et supposons que, par un point extérieur O, on ait mené une tangente OT. Le rayon vecteur FT et la perpendiculaire TS abaissée sur la directrice donneront FT = TS, angle OTF = angle OTS ; donc la tangente OT sera perpendiculaire au milieu de la droite SF, et l'on aura OS = OF.

En conséquence, pour mener une tangente par un point extérieur O, c'est-à-dire pour déterminer le point de tangence T, il suffit de connaître le point S, et de mener ST perpendiculaire à la directrice DS. Or, ce point S de la directrice est donné par l'intersection d'une circonférence décrite du point O comme centre, et avec OF pour rayon ; le problème est donc résolu.

## N° 13.

THÉORÈME. *Dans la parabole la sous-normale est constante et égale à la distance du foyer à la directrice (demi-paramètre).*

Par le point de tangence (*fig.* 17) menons la normale TN et l'ordonnée TP pour déterminer la sous-normale PN (1) ; la normale TN sera bissectrice de l'angle FTR, et nous aurons alors

$$\text{angle FNT} = \text{angle FTN, car FNT} = \text{NTR ;}$$

donc $$\text{FT} = \text{FN.}$$

Mais $$\text{FT} = \text{TS} = \text{DP,}$$

et par suite $$\text{DP} = \text{FN :}$$

donc enfin la sous-normale PN = DF, quantité constante.

## N° 14.

THÉORÈME. *Dans la parabole, les carrés des ordonnées perpendiculaires à l'axe sont proportionnels aux distances respectives de leurs pieds au sommet de la courbe.*

Soit TP une ordonnée perpendiculaire (*fig.* 17) ; le triangle-rectangle FTP donne

---

(1) On fixe la position d'un point T par exemple (*fig.* 17) sur un plan au moyen des distances TP, TS de ce point à deux droites rectangulaires DX, SS' qui se coupent sur ce plan. La distance TP s'appelle l'*ordonnée* du point T, et la distance TS ou son égale DP est dite l'*abscisse* du même point.

$$\overline{TP}^2 = \overline{FT}^2 - \overline{FP}^2$$

et comme $FT = TS = DP$ on aura (ALGÈBRE *page* 32)

$$\overline{TP}^2 = \overline{DP}^2 - \overline{FP}^2 = (DP + FP)(DP - FP);$$

mais on a évidemment

$$DP + FP = DF + 2FP = 2AF + 2FP = 2AP$$

et
$$DP - FP = DF,$$

l'expression ci-dessus devient donc :

$$\overline{TP}^2 = 2AP \times DF.$$

Le facteur DF est une quantité constante ; ainsi pour tous les points de la courbe, les carrés des ordonnées sont proportionnels aux abscisses AP, ou aux distances de leurs pieds au sommet de la courbe.

## N° 15.

### DE L'HÉLICE.

On sait que le développement de la surface convexe d'un cylindre circulaire droit ABCD (*fig.* 18) est un rectangle AMND. Or, si l'on mène la diagonale AN, hypoténuse des triangles-rectangles ANM, AND, et qu'on enroule le rectangle AMND autour du cylindre donné AC, l'hypoténuse AN deviendra une ligne courbe AHD qui porte le nom d'*hélice*.

Ordinairement l'hélice parcourt plusieurs fois le pourtour du cylindre ; pour la construire alors, on divise en parties égales la hauteur AS du cylindre donné, en prenant AD = DO = OS = MN = NL = LR ; on mène les hypoténuses AN, DL, OR, et en enroulant le développement AMRS autour du cylindre BS, ces hypoténuses, réunies bout à bout, forment une courbe continue appelée hélice à *plusieurs spires*, l'intervalle de deux spires, ou la distance AD, se nomme le *pas* de l'hélice.

Si l'on considère l'hélice AHD comme composée d'une infinité d'élément rectilignes infiniment petits, chacun de ces éléments fera avec l'arête du cylindre un angle égal à l'angle ANM; pour s'en convaincre, il suffit, en effet, de subdiviser l'hypoténuse AN en un pareil nombre d'éléments, et d'abaisser sur AM, par chaque point de division, des perpendiculaires qui, lors de l'enroulement, coïncideront avec les arêtes du cylindre. Or, sur l'hélice AHD, un de ces éléments rectilignes se confond avec la tangente menée par ce point à cette même courbe : donc, pour toutes les positions, *la tangente à l'hélice fait un angle constant avec l'arête du cylindre.*

De ce qui précède il est facile de conclure que la *projection horizontale* de l'hélice est la circonférence de la base du cylindre ; que sa *projection verticale* (*fig.* 19) est une ligne courbe AHDE... en zig-zag ; qu'enfin, la projection verticale de la tangente est une tangente TS à la projection AHDE.

# SUPPLÉMENT A L'ALGÈBRE.

## N° 1.

*Formules générales pour la résolution d'un système d'équations du premier degré à deux inconnues.*

Quand on a mis un problème en équation, on peut toujours transformer les équations obtenues, de telle sorte que les coëfficients des divers termes soient des nombres entiers; et pour cela, il suffit de *chasser les dénominateurs*. On sait, d'un autre côté, que pour qu'un problème soit déterminé, il faut que son énoncé fournisse autant d'équations qu'il renferme d'inconnues.

Cela posé, les équations générales pour tous les problèmes du premier degré à deux inconnues pourront être ramenées à la forme suivante :

$$[1] \qquad ax + by = c \qquad a'x + b'y = c'$$

dans lesquelles les lettres $a$, $b$, $c$, $a'$, $b'$, $c'$ représentent des nombres entiers, mais qui peuvent, selon le cas, être positifs, nuls ou négatifs.

En résolvant ce système d'équation d'après les méthodes connues, on arrive aux formules générales :

$$[2] \qquad x = \frac{cb' - bc'}{ab' - ba'} ,$$

$$y = \frac{ac' - ca'}{ab' - ba'} .$$

Ces valeurs sont formées d'après une loi remarquable qui permet de les écrire sans passer par les calculs d'élimination, et cela tient à ce qu'on a employé les mêmes lettres pour coëfficients dans les deux équations, en ayant soin d'accentuer les coëfficients de la seconde pour les différencier de ceux de la première.

En effet, on remarque d'abord que ces formules ont même dénominateur ; or, ce dénominateur est facile à former : il suffit de prendre les coëfficients $a$ et $b$ de la première équation, d'en composer les deux groupes $ab$, $ba$, de les séparer par le signe — et d'affecter d'un accent la seconde lettre de chaque groupe, ce qui donne le dénominateur commun $ab' - ba'$.

Ce dénominateur sert ensuite à former le numérateur de chaque formule, d'après la règle suivante : Le numérateur de $x$ se déduit du dénominateur commun en y remplaçant ses coëfficients $a$ et $a'$ par les termes connus $c$ et $c'$. C'est ainsi que $ab' - ba'$ devient $cb' - bc'$. De même on formera le numérateur de $y$ en changeant ses coëfficients $b$, $b'$ par les termes connus $c$, $c'$, dans le même dénominateur commun.

Les formules générales [2] conviennent à toutes les questions du premier degré à deux inconnues et dispensent dans chaque cas d'effectuer les calculs d'élimination ; pour en donner un exemple, admettons que l'énoncé d'un problème ait conduit aux deux équations numériques :

$$5x - 3y = 15, \qquad 2y - x = 4.$$

en comparant ces équations aux équations générales [1], on voit qu'ici $a = 5$, $b = -3$, $c = 15$, $a' = -1$, $b' = 2$, $c' = 4$. En conséquence, les formules générales [2] donneront

$$x = \frac{15.2 - (-3)\,4}{5.2 - (-3)\,(-1)} = \frac{30 + 12}{10 - 3} = \frac{42}{7} = 6.$$

$$y = \frac{5.4 - 15\,(-1)}{5.2 - (-3)\,(-1)} = \frac{20 + 15}{10 - 3} = \frac{35}{7} = 5.$$

## N° 2.

### *Discussion des formules générales*

$$[2] \qquad x = \frac{cb' - bc'}{ab' - ba'},$$

$$y = \frac{ac' - ca'}{ab' - ba'}.$$

Puisque le système des équations [1] qui conduisent à ces formules générales embrasse tous les problèmes du premier degré à deux inconnues, il est évident que l'on peut faire successivement toutes les suppositions imaginables sur les valeurs numériques des lettres $a$, $b$, $c$, $a'$, $b'$, $c'$. Or, selon ces diverses suppositions, il pourra arriver que les expressions fractionnaires qui donnent les valeurs des inconnues $x$ et $y$, aient, à la fois ou séparément, leurs deux termes positifs, nuls ou négatifs, ce qui offre cinq cas généraux à examiner.

1° Si les valeurs numériques, mises à la place des lettres $a$, $b$, $c$, $a'$, $b'$, $c'$ donnent pour $x$ et pour $y$ des valeurs positives, c'est-à-dire si les deux termes des expressions fractionnaires [2] sont de même signe, ces valeurs seront la solution du problème dans le sens direct de l'énoncé.

2° Si les deux valeurs de $x$ et de $y$, ou l'une d'elles seulement, deviennent négatives, c'est-à-dire si les termes des expressions fractionnaires [2] sont de signes contraires, il faudra en conclure que l'énoncé du problème doit recevoir certaines modifications comme nous l'avons vu (ALGÈBRE *page* 107).

3º Il peut arriver, en troisième lieu, que les numérateurs $cb' - bc'$ et $ac' - ca'$, ou bien l'un d'eux, soient nuls sans que le dénominateur commun le soit aussi, c'est-à-dire qu'on peut avoir par exemple $cb' = bc'$ et $ab' - ba' >$ ou $< 0$ ; alors la valeur de $x$ est zéro, et le problème n'a pas de solution.

4º On peut admettre, au contraire, que le dénominateur commun soit nul pendant que les numérateurs sont positifs ou négatifs ; mais cette supposition $ab' - ba' = 0$ donne aux valeurs de $x$ et de $y$ la forme suivante : $x = \dfrac{m}{0}$, $y = \dfrac{n}{0}$ qui est le caractère de l'infini, de l'impossibilité, c'est-à-dire que dans ce cas le problème est impossible ou que les équations [1] données sont incompatibles.

5º Enfin il peut arriver que le dénominateur commun et les numérateurs se réduisent à zéro en même temps ; que l'on ait le dénominateur $ab' - ba' = 0$ et le numérateur $cb' - bc' = 0$. Ces deux conditions exigent que l'autre numérateur soit pareillement nul ; car $ab' = ba'$ et $cb' = bc'$ donnent, en divisant membre à membre, $\dfrac{c}{a} = \dfrac{c'}{a'}$, ou bien $ac' - ca' = 0$. Dans ce cas les valeurs des inconnues deviennent $x = \dfrac{0}{0}$, $y = \dfrac{0}{0}$, caractère de l'indétermination : donc le problème offre une infinité de solutions.

## Nº 3.

*Des questions de maximum et de minimum qui peuvent se résoudre par les équations du second degré.*

Avant de traiter ces questions, il importe de rappeler les propriétés suivantes de l'équation complète du second degré.

1º Nous savons que toute équation du second degré peut être ramenée à la forme générale $x^2 + px = q$.

2º Cette équation résolue nous a fourni pour l'inconnue l'expression $x = -\dfrac{p}{2} \pm \sqrt{\dfrac{p^2}{4} + q}$, laquelle donne deux racines $x'$, $x''$ (ALGÈBRE *page* 166).

3º La discussion de l'équation générale du second dégré nous a fait voir que suivant les signes et les valeurs du coëfficient $p$ et du terme tout connu $q$, les racines de l'équation $x'$, $x''$ peuvent être réelles, inégales et de signes contraires ; ou égales entre elles ; ou bien réelles, inégales et de même signe ; ou enfin imaginaires (ALGÈBRE *page* 177).

4º En étudiant les rapports qui lient les racines de l'équation complète du second degré à cette équation, nous avons démontré que la somme des racines $x' + x''$ est égale et de signe contraire au coëfficient $p$ du terme en $x$, et que le produit de ces racines $x'x''$ est égal et de signe contraire au terme tout connu $q$ (ALGÈBRE *page* 179).

5º Il résulte de la propriété précédente que l'équation générale $x^2 + px = q$ peut être mise sous cette forme :

$$x^2 - (x' + x'')x = - x'x''$$

ou bien encore

$$x^2 - (x' + x'')x + x'x'' = 0.$$

Cela posé, si l'on compare cette dernière expression avec le produit que l'on obtient en multipliant $(a - b')$ par $(a - b'')$, lequel est $a^2 - (b' + b'') a + b' b''$, on verra que l'on peut poser l'égalité suivante :

$$x^2 + px - q = (x - x')(x - x'') ;$$

Donc *l'équation générale du second degré est égale au produit de deux facteurs binômes du premier degré, que l'on forme en retranchant de* x *chacune des deux racines de l'équation.*

## Des maximums et des minimums.

*Définition.* Lorsqu'une quantité est susceptible de valeurs diverses, lesquelles varient entre certaines limites, on appelle *maximum* la plus grande valeur que puisse atteindre cette quantité variable, et l'on nomme *minimum* la plus petite de ces valeurs.

Pour donner une idée aux élèves de ce genre de questions, nous allons citer quelques exemples.

1er *Exemple.* Avec une ligne donnée, de six mètres par exemple, on veut construire des rectangles isopérimètres. Il est évident que l'on pourra avec cette ligne former une foule de rectangles différents en surface. Or, parmi ces rectangles la surface *minimum* se réduit à la droite donnée elle-même ; la géométrie démontre que la surface est *maximum* quand le rectangle devient un carré.

2e *Exemple.* Supposons qu'une question ait fourni la solution suivante :

$$x = 4 \pm \sqrt{m - 7},$$

expression dans laquelle $x$ et $m$ sont deux quantités variables. A chaque valeur donnée à $m$, correspondra une valeur de $x$ ; mais en examinant le radical $\sqrt{m - 7}$, on voit évidemment que toutes les valeurs ne peuvent pas convenir à $m$ ; en effet, $m$ doit être plus grand que 7 ou tout au moins égal à 7, sans quoi la quantité placée sous le radical devient négative, et la valeur correspondante de $x$ est imaginaire : donc 7 est la valeur *minimum* de la variable $m$.

3e *Exemple*. Soit encore une équation du second degré qui ait donné pour solution :

$$x = 12 \pm \sqrt{5\,(m-3)\,(m+4)}$$

solution dont la valeur dépend de la variable $m$. Pour que $x$ soit réel, il faut que le produit $(m-3)\,(m+4)$ soit positif, c'est-à-dire que ces deux facteurs doivent être tous les deux positifs ou tous les deux négatifs.

D'après cela, $m$ étant positif, devra être plus grand que 3 ou tout au plus égal à 3 : donc $+3$ est le *minimum* des valeurs positives que peut prendre $m$.

En second lieu, si $m$ est négatif, il faut que le second facteur $m+4$ soit négatif, ce qui exige que la valeur absolue de $m$ soit plus grande que 4 ou tout au plus égale à 4 : donc enfin le *maximum* des valeurs négatives de $m$ est $-4$.

Il suit de ce dernier exemple que l'on a, pour la variable $m$, deux séries de valeurs, la première a pour *minimum* $+3$ et pour *maximum* $+\infty$ ; la seconde a pour *maximum* $-4$, et pour *minimum* $-\infty$. A chaque valeur de $m$ comprise dans ces limites correspond une valeur réelle pour $x$.

Après ces notions préliminaires, voyons maintenant comment on devra traiter les questions de ce genre ; pour cela on observera la règle suivante :

RÈGLE. *On représente par* x *la quantité variable et par l'initiale* m *le maximum ou le minimum auquel la variable* x *peut donner lieu. On admet que* m *est connu, que* x *seul est à déterminer, et de plus que l'énoncé du problème conduit à une équation du second degré. On résout cette équation par rapport à* x ; *alors la quantité connue* m *se trouve sous le radical, et l'on discute la formule afin d'établir les conditions auxquelles doit satisfaire la quantité* m *pour que la variable* x *soit réelle et positive s'il y a lieu. Cette discussion fait connaître le maximum ou le minimum demandé.*

Appliquons cette règle à la solution de quelques problèmes.

**Problème I.** *Partager un nombre donné* a *en deux parties dont le produit soit un maximum.*

En désignant par $x$ l'une des parties demandées, $a - x$ sera l'autre partie, et $x(a - x)$ leur produit. Si nous supposons donc que le maximum de ce produit est $m$, nous aurons l'équation :

$$x(a - x) = m$$

ou bien
$$ax - x^2 = m$$

ou
$$x^2 - ax = -m$$

d'où l'on tire
$$x = \frac{a}{2} \pm \sqrt{\frac{a^2}{4} - m}.$$

En examinant la quantité placée sous le radical, on voit que les valeurs de $x$ seront réelles tant que $m$ sera plus petit ou tout au plus égal à $\frac{a^2}{4}$ : donc $m = \frac{a^2}{4}$ est la plus grande valeur que puisse prendre le produit demandé. Dans cette hypothèse le radical se réduit à zéro, et la valeur de $x$ correspondante est $\frac{a}{2}$ ou la moitié du nombre donné.

Ainsi, pour résoudre le problème demandé, *il faut diviser le nombre donné en deux parties égales, et le produit maximum est le carré de la moitié de ce nombre.*

**Problème II.** *Déterminer le maximum ou le minimum de la fraction* $\dfrac{18}{x(3 - x)}$.

Il est évident que la fraction proposée sera plus ou moins grande suivant les valeurs qu'on attribuera à la variable $x$. Admettons que le maximum ou le minimum demandé soit $m$; on aura alors l'équation :

$$\frac{18}{x\,(3-x)} = m$$

laquelle donne $\qquad x^2 - 3x = -\frac{18}{m}$

d'où $\qquad x = \frac{3}{2} \pm \sqrt{\frac{9}{4} - \frac{18}{m}}$

ou bien $\qquad x = \frac{3}{2} \pm \sqrt{\frac{9m - 72}{4m}}.$

Pour que la quantité placée sous le radical soit positive et que $x$ soit réel, il faut qu'on ait $9m > 72$ ou tout au moins $9m = 72$ : donc $m = \frac{72}{9} = 8$ est la plus petite valeur que puisse avoir la fraction proposée ; en d'autres termes 8 est le *minimum* cherché. En effet, dans ce cas le radical disparaît, on a $x = \frac{3}{2}$ et la fraction devient

$$\frac{18}{\frac{3}{2}\left(3 - \frac{3}{2}\right)} = 8.$$

On voit de plus que toute valeur de $m$ supérieure à 8 donnera pour $x$ des valeurs réelles.

Enfin si l'on suppose $m$ infiniment grand, la valeur placée sous le radical se réduit à $\sqrt{\frac{9}{4}} = \frac{3}{2}$, et la valeur de $x$ correspondante est alors

$$x = \frac{3}{2} \pm \frac{3}{2}$$

ou bien $\qquad x = 3$ ou $x = 0$

et la fraction proposée prenant la forme de $x = \dfrac{18}{0}$ est en effet l'indice de l'infiniment grand.

PROBLÈME III. *Quel est le plus grand rectangle que l'on puisse former avec une ligne donnée 4a*

Puisque la droite $4a$ exprime le périmètre constant de tous les rectangles que l'on peut construire avec cette droite, $2a$ sera le demi périmètre ou bien la somme de la base et de la hauteur de chaque rectangle : donc, si l'on représente par $x$ la base, on aura $2a - x$ pour la hauteur, et $x\,(2a - x)$ sera l'expression de la surface.

Enfin si l'on représente par $m$ la surface maximum cherchée, on aura l'équation :

$$x\,(2a - x) = m$$

laquelle donne $\qquad x = a \pm \sqrt{a^2 - m}.$

Cela posé, afin que la valeur placée sous le radical ne soit pas négative et que les valeurs de $x$ ne soient pas imaginaires, il faut que $m$ soit plus petit que $a^2$, ou tout au plus égal à $a^2$ : donc $m = a^2$ est le maximum cherché. Dans ce cas le radical disparaît et la valeur correspondante de $x$ est $x = a$.

Donc, *le plus grand rectangle que l'on puisse former avec une droite donnée est le carré qui a pour côté le quart de cette ligne.*

*Remarque 1.* D'après les exemples qui précèdent on peut conclure que si le radical se présente sous la forme

$\sqrt{a - m}$ ou bien $\sqrt{\dfrac{a}{m} - \dfrac{b}{d}}$ le problème donne lieu à un *maximum*; et que si le radical prend la forme $\sqrt{m - a}$ ou bien $\sqrt{\dfrac{a}{b} - \dfrac{d}{m}}$, $m$ représentera un *minimum*, les lettres $a$, $b$, $d$ représentant des nombres positifs.

*Remarque II.* Si le radical ne renferme que des quantités positives, tel que $\sqrt{m + a}$, le problème ne donnera ni un maximum ni un minimum, car la valeur de $x$ sera réelle pour toutes les valeurs positives attribuées à $m$.

Enfin, il est évident qu'un radical de la forme $\sqrt{m^2 + a^2}$ donnerait encore pour $x$ des valeurs réelles quelles que fussent les valeurs positives ou négatives qu'on pourrait attribuer à $m$.

Examinons maintenant le cas où le radical renfermerait un trinome du $2^e$ degré en $m$, tel que $\sqrt{am^2 + bm + c}$.

PROBLÈME IV. *Déterminer le maximum et le minimum de de la fraction* $\dfrac{x^2 + 6}{4x + 10}$.

Admettons que la valeur de la fraction proposée soit une quantité déterminée $m$; on aura l'équation :

$$\frac{x^2 + 6}{4x + 10} = m$$

laquelle devient successivement

$$x^2 - 4mx = 10m - 6$$

$$x = 2m \pm \sqrt{4m^2 + 10m - 6}.$$

Pour interpréter le trinome placé sous le radical il faut

d'abord le mettre sous la forme $4(m^2 + \dfrac{5}{2}\,m - \dfrac{3}{2})$ et poser ensuite l'équation

$$m^2 + \frac{5}{2}\,m - \frac{3}{2} = 0$$

laquelle donne

$$m = -\frac{5}{4} \pm \sqrt{\frac{25}{16} + \frac{3}{2}}$$

ou bien $\qquad m = -\dfrac{5}{4} \pm \dfrac{7}{4}.$

On a donc pour les deux racines de cette dernière équation :

$$m' = \frac{1}{2} \qquad m'' = -3$$

donc enfin, d'après les notions qui ont été exposées plus haut, on aura

$$4(m^2 + \frac{5}{2}\,m - \frac{3}{2}) = 4(m - \frac{1}{2})(m + 3) ;$$

alors la valeur de $x$ trouvée ci-dessus deviendra

$$x = 2m \pm \sqrt{4(m - \frac{1}{2})(m + 3)}.$$

Sous cette forme on voit clairement que les valeurs de $x$ seront réelles lorsque la quantité placée sous le radical sera positive ou nulle, c'est-à-dire quand on aura $4(m - \dfrac{1}{2})$ $(m + 3)$ plus grand que zéro, ou tout au plus égal à zéro.

Or, pour qu'un produit de deux facteurs soit positif, il faut que ces deux facteurs aient le même signe; on devra donc avoir :

$$m > \frac{1}{2} \quad \text{ou tout au moins} \quad m = \frac{1}{2}$$

et $\quad m < - 3 \quad$ ou tout au plus $\quad m = - 3.$

Ainsi toutes les valeurs de $m$ comprises entre $+ \frac{1}{2}$ et $- 3$ rendraient les valeurs de $x$ imaginaires.

Par conséquent, $m = \frac{1}{2}$ est un *minimum* et $m = - 3$ est un *maximum*; en d'autres termes, les valeurs que peut prendre la fraction proposée se composent de deux séries ayant chacune son maximum et son minimum.

La première série, prise dans les nombres positifs, a pour minimum $+ \frac{1}{2}$ et pour maximum $+ \infty$.

La seconde, prise dans les nombres négatifs, a pour maximum $- 3$ et pour minimum $- \infty$.

En substituant dans la valeur de $x$ ces diverses limites à la place de $m$, on trouve que

$$m = \frac{1}{2} \text{ donne } x = 1$$

$$m = - 3 \text{ donne } x = - 6$$

ces valeurs vérifient en effet l'équation primitive.

*Remarque.* Dans tous les exemples qui précèdent et dont la formule générale est $m = \dfrac{ax^2 + bx + c}{a'x^2 + b'x + c'}$, on dit que la quantité $m$ est en *fonction* de la variable $x$.

# SUPPLÉMENT

# A LA TRIGONOMÉTRIE.

## Nº 1.

**Problème.** *Trouver la tangente de la somme ou de la différence de deux arcs, quand on connaît les tangentes de ces deux arcs.*

Pour résoudre ce problème nous ferons usage de la formule [2] (Trigonom. *page* 303), laquelle est

$$\text{tang.}a = \frac{\text{R sin.}a}{\cos.a} \quad \text{ou bien} \quad \text{tang.}b = \frac{\text{R sin.}b}{\cos.b}.$$

La question proposée est donc de trouver $\text{tang.}(a + b)$ et $\text{tang.}(a - b)$, en fonction de $\text{tang.}a$, $\text{tang.}b$.

Or, si l'on change $a$ en $a + b$, et ensuite en $a - b$, dans la première formule, on aura successivement :

$$\text{tang.}(a + b) = \frac{\text{R sin.}(a + b)}{\cos.(a + b)},$$

$$\text{tang.}(a - b) = \frac{\text{R sin.}(a - b)}{\cos.(a - b)};$$

maintenant, si l'on substitue, dans ces dernières expressions, les valeurs données par les formules [7] (Trigonom. *page* 308), on trouvera :

$$\text{tang.}(a + b) \quad \frac{\text{R}(\sin.a \ \cos.b + \cos.a \ \sin.b)}{\cos.a \ \cos.b - \sin.a \ \sin.b};$$

ensuite si l'on observe que les deux valeurs de $\tan. a$ et de $\tan. b$ donnent :

$$\sin. a = \frac{\cos. a \ \tan. a}{R} \quad \text{et} \quad \sin. b = \frac{\cos. b \ \tan. b}{R}$$

et qu'on substitue ces dernières égalités dans les précédentes, on a :

$$\tan.(a + b) = \frac{\cos. a \ \cos. b \ (\tan. a + \tan. b)}{\cos. a \ \cos. b \ (1 - \dfrac{\tan. a \ \tan. b}{R^2}}.$$

En supprimant enfin le facteur commun $\cos. a \ \cos. b$, et en faisant passer $R^2$ au numérateur, on trouve pour la formule demandée :

$$[1] \qquad \tan.(a + b) = \frac{R^2 \ (\tan. a + \tan. b)}{R^2 - \tan. a \ \tan. b}.$$

Par une transformation analogue on trouverait de même

$$[2] \qquad \tan.(a - b) = \frac{R^2 \ (\tan. a - \tan. b)}{R^2 + \tan. a \ \tan. b}.$$

*Observation.* En supposant $a = b$ dans la formule [1] on a pour la duplication des arcs :

$$[3] \qquad \tan. 2a = \frac{2R^2 \ \tan. a}{R^2 - \tan.^2 a}.$$

## N° 2.

PROBLÈME. *Rendre calculable par logarithmes la somme de deux lignes trigonométriques, sinus ou cosinus.*

Admettons qu'on veuille rendre calculable par logarithmes la somme de deux sinus tels que

$$\sin. p + \sin. q.$$

A cet effet, prenons la première formule du n° 30 (Trigonométrie, *page* 309), laquelle est

$$\sin.(a + b) + \sin.(a - b) = \frac{2\sin.a\,\cos.b}{R}.$$

Et faisons la somme $a + b = p$, et la différence $a - b = q$, on aura alors, d'après le problème II (Algèbre, *page* 68), le plus grand arc $a = \frac{1}{2}(p + q)$ et le plus petit $b = \frac{1}{2}(p - q)$; la substitution de ces valeurs dans l'expression donnée la transformera en celle-ci :

$$\sin.p + \sin.q = \frac{2}{R}\sin.\tfrac{1}{2}(p + q)\cos.\tfrac{1}{2}(p - q).$$

Or, le second membre de cette équation étant le produit de deux lignes trigonométriques, se prête aisément au calcul logarithmique.

Par une transformation semblable on trouvera

$$\cos.p + \cos.q = \frac{2}{R}\cos.\tfrac{1}{2}(p + q)\cos.\tfrac{1}{2}(p - q)$$

Une opération analogue servirait à trouver la somme ou la différence de deux autres lignes trigonométriques.

Pour répondre aux questions qui nous restent à traiter et qui sont relatives à la résolution des triangles, il importe de faire connaître ici certaines formules qui donnent les sinus et les cosinus des angles d'un triang'e rectiligne en fonction de ses côtés.

Soit un triangle ABC (*fig.* 6) dont les côtés $a$, $b$, $c$ sont connus et dans lequel nous supposons l'angle A aigu. Nous savons (n° 2 du supplément) que l'on aura :

$$a^2 = b^2 + c^2 - 2c \times AD$$

d'où
$$AD = \frac{b^2 + c^2 - a^2}{2c}.$$

Mais le triangle-rectangle ACD donne, en vertu d'un théorème connu (TRIGONOM. *page* 317) :

$$R : \sin.ACD :: b : AD.$$

et comme $\sin.ACD = \cos.A$, on a :

$$R : \cos.A :: b : AD$$

d'où
$$\cos.A = \frac{R \times AD}{b}$$

en substituant dans cette dernière égalité la valeur de AD trouvée ci-dessus, on obtient enfin :

$$\cos.A = \frac{R(b^2 + c^2 - a^2)}{2bc}$$

quand l'angle A est obtus (*fig.* 7), on arrive au même résultat, car alors la perpendiculaire CP tombe en dehors et l'on a les relations :

$$a^2 = b^2 + c^2 + 2c \times AP$$

d'où
$$AP = \frac{a^2 - b^2 - c^2}{2c}$$

mais comme le cosinus de l'angle obtus CAB est égale à — cosinus de l'angle aigu supplémentaire CAP, on a :

$$\cos.A = - \cos.(180^0 - A) = - \frac{R \times AP}{b}$$

et la substitution donne encore

$$[4] \qquad \cos.A = \frac{R(b^2 + c^2 - a^2)}{2bc}.$$

Ce que nous disons de l'angle A s'applique à tous les angles d'un triangle ; ainsi on trouverait également :

$$[5] \qquad \cos.B = \frac{R(a^2 + c^2 - b^2)}{2ac}$$

$$[6] \qquad \cos.C = \frac{R(a^2 + b^2 - c^2)}{2ab}$$

Ces formules ne se prêtent pas au calcul des logarithmes, c'est pourquoi on leur a fait subir d'autres transformations que nous allons indiquer.

A cet effet, prenons les formules suivantes que nous avons démontrées en trigonométrie (TRIGONOM. *page* 302 et 308) :

$$\sin.^2 a + \cos.^2 a = R^2,$$

$$\cos.2a = \frac{\cos.^2 a - \sin.^2 a}{R}$$

lesquelles donnent, en changeant $a$ en ½ A

$$\sin.^2 \tfrac{1}{2} A + \cos.^2 \tfrac{1}{2} A = R^2,$$

$$\cos.^2 \tfrac{1}{2} A - \sin.^2 \tfrac{1}{2} A = R \cos.A.$$

Si nous retranchons la seconde de la première, nous aurons :

$$2\sin.^2 \tfrac{1}{2} A = R^2 - R \cos.A.$$

et en substituant dans celle-ci la valeur [4] de cos.A, nous trouverons

$$2\sin.^2 \tfrac{1}{2} A = R^2 - \frac{R^2(b^2 + c^2 - a^2)}{2bc}$$

$$= R^2 \left( 1 - \frac{b^2 + c^2 - a^2}{2bc} \right)$$

ou bien $\quad 2\sin.^2 \tfrac{1}{2} A = R^2 \left( \frac{a^2 - b^2 - c^2 + 2bc}{2bc} \right)$

$$= \frac{R^2[a^2 - (b - c)^2]}{2bc}$$

et comme la différence des deux carrés

$$a^2 - (b - c)^2 = (a + b - c)(a - b + c),$$

nous aurons enfin, en divisant par 2,

$$\sin.\tfrac{1}{2}{}^2 A = \frac{R^2(a + b - c)(a - b + c)}{4bc}$$

et $\qquad \sin.\tfrac{1}{2} A = R \sqrt{\dfrac{(a + b - c)(a - b + c)}{4bc}}\,;$

pour simplifier cette expression, représentons par $2p$ le périmètre du triangle proposé; observons que $a + b + c = 2p$ donne :

$$a + b - c = 2p - 2c = 2(p - c),$$
$$a - b + c = 2p - 2b = 2(p - b)$$

et alors l'expression de $\sin.\tfrac{1}{2} A$ devient

$$[7] \qquad \sin.\tfrac{1}{2} A = R \sqrt{\frac{(p - b)(p - c)}{bc}}.$$

Si l'on avait voulu obtenir $\cos.\tfrac{1}{2} A$, il aurait fallu ajouter membre à membre les formules trigonométriques que nous avons retranchées précédemment, et nous aurions eu successivement :

$$2\cos.^2 \tfrac{1}{2} A = R^2 + R\cos.A$$
$$= R^2 \left( 1 + \frac{b^2 + c^2 - a^2}{2bc} \right)$$
$$\cos.^2 \tfrac{1}{2} A = \frac{R^2[(b + c)^2 - a^2]}{4bc}$$
$$= \frac{R^2(b + c + a)(b + c - a)}{4bc}$$

4 *

$$[8] \qquad \cos. \tfrac{1}{2} A = R \sqrt{\frac{p(p-a)}{bc}}.$$

enfin pour obtenir la valeur de tang. $\tfrac{1}{2}$ A, on fera usage de la formule [2] (TRIGONOM. *page* 303), laquelle est

$$\text{tang.}\, a = \frac{R \sin. a}{\cos. a} \quad \text{et qui devient tang.}\, \tfrac{1}{2} A = \frac{R \sin. \tfrac{1}{2} A}{\cos. \tfrac{1}{2} A}.$$

en substituant dans celle-ci les valeurs précédentes de sin. $\tfrac{1}{2}$ A et de cos. $\tfrac{1}{2}$ A, on trouvera :

$$[9] \qquad \text{tang.}\, \tfrac{1}{2} A = R \sqrt{\frac{(p-b)(p-c)}{p(p-a)}}.$$

Ces valeurs sont facilement calculables par logarithmes, et nous en verrons bientôt les applications.

Les transformations précédentes nous donneraient également ment :

$$\sin. \tfrac{1}{2} B, \quad \cos. \tfrac{1}{2} B, \quad \sin. \tfrac{1}{2} C,$$
$$\cos. \tfrac{1}{2} C, \quad \text{tang.}\, \tfrac{1}{2} B, \quad \text{tang.}\, \tfrac{1}{2} C.$$

Passons maintenant aux questions proposées.

## N° 3.

PROBLÈME. *Trouver la surface d'un triangle, connaissant deux côtés* b *et* c *ainsi que l'angle* A *compris entre ces côtés.*

L'aire du triang leproposé ABC (*fig.* 6), est exprimée par

$$\tfrac{1}{2}\, AB \times CD, \quad \text{ou bien} \quad \frac{c}{2} \times CD;$$

mais le triangle-rectangle CAD donne la proportion :

$$R : \sin. A :: b : CD, \quad \text{d'où} \quad CD = \frac{b \sin. A}{R},$$

on aura donc      aire $T = \dfrac{c}{2} \times \dfrac{b \sin.A}{R}$

ou bien

[10]                    $T = \dfrac{cb \sin.A}{2R}$

et par logarithmes :

$$\log.T = \log.\tfrac{1}{2}\,c + \log.b + \log.\sin.A - 10.$$

## N° 4.

PROBLÈME. *Trouver la surface d'un triangle dont on connaît un côté* a *et deux angles* A *et* B.

Les deux angles donnés font connaître le troisième C ; ensuite on trouvera les deux autres côtés $b$ et $c$ par les proportions :

$a : b :: \sin.A : \sin.B, \quad a : c :: \sin.A : \sin.C$

lesquelles donnent

$$b = \frac{a \sin.B}{\sin.A} \quad \text{et} \quad c = \frac{a \sin.C}{\sin.A}.$$

Cela posé, si l'on substitue ces valeurs dans l'expression [10] trouvée dans le n° précédent, on aura :

[11]          aire $T = \dfrac{a^2}{2R} \times \dfrac{\sin.B \, \sin.C}{\sin.A},$

et par les logarithmes : $\log.T = 2\log.a + \log.\sin.B + \log.\sin.C - \log.\sin.A - \log.2 - 10.$

## Nº 5.

PROBLÈME. *Connaissant les trois côtés d'un triangle, trouver, les angles et la surface de ce triangle.*

Pour déterminer les angles, nous ferons usage des formules [4], [5], [6] trouvées précédemment; pour calculer l'aire du triangle nous prendrons la formule [10] du nº 3 :

laquelle est
$$T = \frac{bc}{2R} \sin.A.$$

Bien que cette formule soit facilement calculable par logarithmes, on la remplace souvent par une autre qui donne l'aire d'un triangle en fonction de ses trois côtés seulement. Or, pour trouver cette dernière, il faut éliminer sin.A de l'expression précédente. A cet effet, prenons la relation connue (TRIGONOM. *page* 308) :

$$\sin.2a = \frac{2\sin.a \cos.a}{R}$$

qui devient
$$\sin.A = \frac{2\sin.\tfrac{1}{2}A \cos.\tfrac{1}{2}A}{R}$$

et substituons dans cette dernière les valeurs trouvées prédemment pour sin. ½ A, cos. ½ A [7], [8], ce qui donne :

$$\sin.A = \frac{2R\sqrt{\dfrac{(p-b)(p-c)}{bc}} \times R\sqrt{\dfrac{p(p-a)}{bc}}}{R}$$

ou bien
$$\sin.A = \frac{2R}{bc} \sqrt{p(p-a)(p-b)(p-c)}$$

Cette valeur de sin.A, substituée dans la formule [10], donnera enfin, pour l'aire d'un triangle :

$$[12] \qquad \text{aire } T = \sqrt{p(p-a)(p-b)(p-c)}$$

Cette formule exprime que l'on trouve l'aire d'un triangle dont on connaît les trois côtés, *en multipliant le demi-périmètre par les trois facteurs qu'on obtient, quand on retranche successivement, de ce demi-périmètre, chacun des trois côtés, et en extrayant la racine carrée du produit définitif.*

—

*Applications de la Trigonométrie aux différentes questions que présente le levé des plans.*

Les problèmes que nous avons traités (TRIGONOMÉTRIE, *pages* 326, 327, 328, 329, 330) suffisent pour faire comprendre combien l'emploi des formules trigonométriques est avantageux dans l'arpentage et le levé des plans ; mais, comme application des dernières formules que nous venons de démontrer, nous choisirons l'exemple suivant :

PROBLÈME. 1° *Déterminer en hectares la superficie d'une forêt triangulaire dont les côtés ont été trouvés de* 1260$^m$, 925$^m$, 1073$^m$ ; 2° *calculer les angles de ce triangle* (GÉOMÉTRIE, *page* 120, et Problème 80).

Nous allons d'abord nous occuper de la détermination des angles. Pour cela on peut indistinctement faire usage des formules [7], [8], [9]; mais il vaut mieux se servir de la dernière, tang. ½ A, quand il s'agit de trouver en même temps les trois angles et la surface du triangle, car on a moins de logarithmes à chercher.

Prenons donc cette formule [9] qui est

$$\text{tang. } \tfrac{1}{2} A = R \sqrt{\frac{(p-b)(p-c)}{p(p-a)}} .$$

D'après les données du problème, nous avons $a = 1260$, $b = 925$, $c = 1073$,

ce qui donne $\quad p = \dfrac{1260 + 925 + 1073}{2} = 1629$,

et $(p - a) = 369$, $(p - b) = 704$, $(p - c) = 556$ ;

alors la formule devient

$$\text{tang } \tfrac{1}{2} A = R\sqrt{\dfrac{704 \times 556}{1629 \times 369}}$$

et par logarithmes log.tang. $\tfrac{1}{2} A = 10 + \tfrac{1}{2}\,[\log.704 + \log.556 - \log.1629 - \log.369]$.

Ou bien, en faisant usage des compléments arithmétiques,

log.tang. $\tfrac{1}{2} A = 10 + \tfrac{1}{2}\,[\log.704 + \log.556 + \text{compl.log.}1629 + \text{compl.log.}369 - 20]$.

En multipliant par 2 et en simplifiant, on a enfin

$2\log.\text{tang. } \tfrac{1}{2} A = \log.704 + \log.556 + \text{compl.log.}1629 + \text{compl.log.}369$.

|  |  |  |
|---|---|---|
| log.704..... | = | 2.84757266 |
| log.556..... | = | 2.74507479 |
| compl.log.1629..... | = | 6.78807890 |
| compl.log.369..... | = | 7.43297363 |
| 2log.tang. $\tfrac{1}{2}$ A..... | = | 19.81369998 |
| log.tang. $\tfrac{1}{2}$ A..... | = | 9,90684999 ; |

en cherchant ce logarithme dans les tables d'après le problème II (TRIGONOM. *page* 315),

on trouvera $\qquad$ angle $\tfrac{1}{2}$ A $= 38° 54' 6'',3$

ou bien $\qquad$ angle A $= 77° 48' 12'',6$.

Pour calculer l'angle B on aura :

$$\text{tang. } \tfrac{1}{2}B = R \sqrt{\frac{(p-a)(p-c)}{p(p-b)}}$$

et les transformations ci-dessus conduiront à

2log.tang. ½ B = log.369 + log.556 + compl.log.1629 + compl.log.704.

$$
\begin{aligned}
\text{log.369} \ldots\ldots &= 2{,}56702637 \\
\text{log.556} \ldots\ldots &= 2{,}74507479 \\
\text{compl.log.1629} \ldots\ldots &= 6{,}78807890 \\
\text{compl.log.704} \ldots\ldots &= 7{,}15242734 \\
\hline
\text{2log.tang. ½ B} \ldots\ldots &= 19{,}25260740 \\
\text{log.tang. ½ B} \ldots\ldots &= 9{,}62630370
\end{aligned}
$$

Ce dernier logarithme donnera :

$$\tfrac{1}{2}B = 22° \; 55' \; 34''$$

d'où                    angle B = 45° 51′ 8″.

On pourrait se dispenser maintenant de calculer le troisième angle C que les deux premiers font connaître ; mais comme vérification des calculs précédents, on se servira de la formule

$$\text{tang. } \tfrac{1}{2}C = R \sqrt{\frac{p(p-a)(p-b)}{p(p-c)}}$$

d'où l'on tire

2log.tang. ½ C = log.369 + log.704 + compl.log.1629 + compl.log.556.

$$
\begin{aligned}
\text{log.369} \ldots\ldots &= 2{,}56702637 \\
\text{log.704} \ldots\ldots &= 2{,}84757266 \\
\text{compl.log.1629} \ldots\ldots &= 6{,}78807890 \\
\text{compl.log.556} \ldots\ldots &= 7{,}25492521 \\
\hline
\text{2log.tang. ½ C} \ldots\ldots &= 19{,}45760314 \\
\text{log.tang. ½ C} \ldots\ldots &= 9{,}72880157
\end{aligned}
$$

et les tables donnent pour ce logarithme :

$$\tfrac{1}{2}\,C = 28° \ 10' \ 19'',7$$

ou bien $$\text{angle } C = 56° \ 20' \ 39'',4.$$

*Vérification.*

| | | | |
|---|---|---|---|
| angle A = | 77° | 48' | 12'',6 |
| angle B = | 45 | 51 | 8 |
| angle C = | 56 | 20 | 39,4 |
| Somme... | 180° | 0' | 0'' |

En second lieu, pour calculer la surface du triangle proposé, on se servira de la formule [12] laquelle donne

$$\log.T = \tfrac{1}{2}\,[\log.p + \log.(p - a) + \log.(p - b) + \log.(p - c)],\ \text{ou bien}$$

$$2\log.T = \log.1629 + \log.369 + \log.704 + \log.556.$$

| | | |
|---|---|---|
| log.1629..... | = | 3,21192110 |
| log.369..... | = | 2.56702637 |
| log.704..... | = | 2,84757266 |
| log.556..... | = | 2.74507479 |
| 2log.T..... | = | 11.37159492 |
| log.T..... | = | 5,68579746 |

lequel correspond au nombre 485062 ; donc la surface de la forêt est de 485062 mètres carrés, ou bien de 48 hectares et demi, à un demi are près.

# PROGRAMME DU BACCALAURÉAT ÈS SCIENCES.

## QUESTIONS D'ALGÈBRE. (1)

**14.** Calcul algébrique, 7. — Emploi des lettres et des signes comme moyen d'abréviation et de généralisation, de 8 à 9. — Termes semblables, 13.

Addition et soustraction, de 16 à 20.

**15.** Multiplication, 23. — Règle des signes, 25.

Division des monomes. 36. — Exposant *zéro*, 43. — Exposé sommaire de la division des polynomes, 38.

**16.** Equations du premier degré, de 54 à 59. — Résolution des équations numériques du premier degré à une inconnue, de 59 à 77. — A plusieurs inconnues par la méthode dite de *substitution*, de 89 à 103.

Interprétation des valeurs négatives dans les problèmes, de 107 à 111. — Usage des quantités négatives, 110. — Calcul des quantités négatives, de 16 à 51.

Des cas d'impossibilité et d'indétermination, de 111 à 116.

Formules générales pour la résolution d'un système d'équations du premier degré à *deux* inconnues (*Supplément* nº 1). — Discussion générale de ces formules, de 115 à 120 et *Supplément* nº 2.

**17.** Equations du second degré à une inconnue, 157. — Résolution, 162. — Double solution, 159. — Valeurs imaginaires, 152.

Décomposition du trinome $x^2 + px + q$ en facteurs du pre-

---

(1) Les chiffres qui se trouvent à la suite de chaque question indiquent la page où elle est traitée.

# QUESTIONS DE GÉOMÉTRIE.

## *Figures planes.*

## *Figures dans l'espace.*

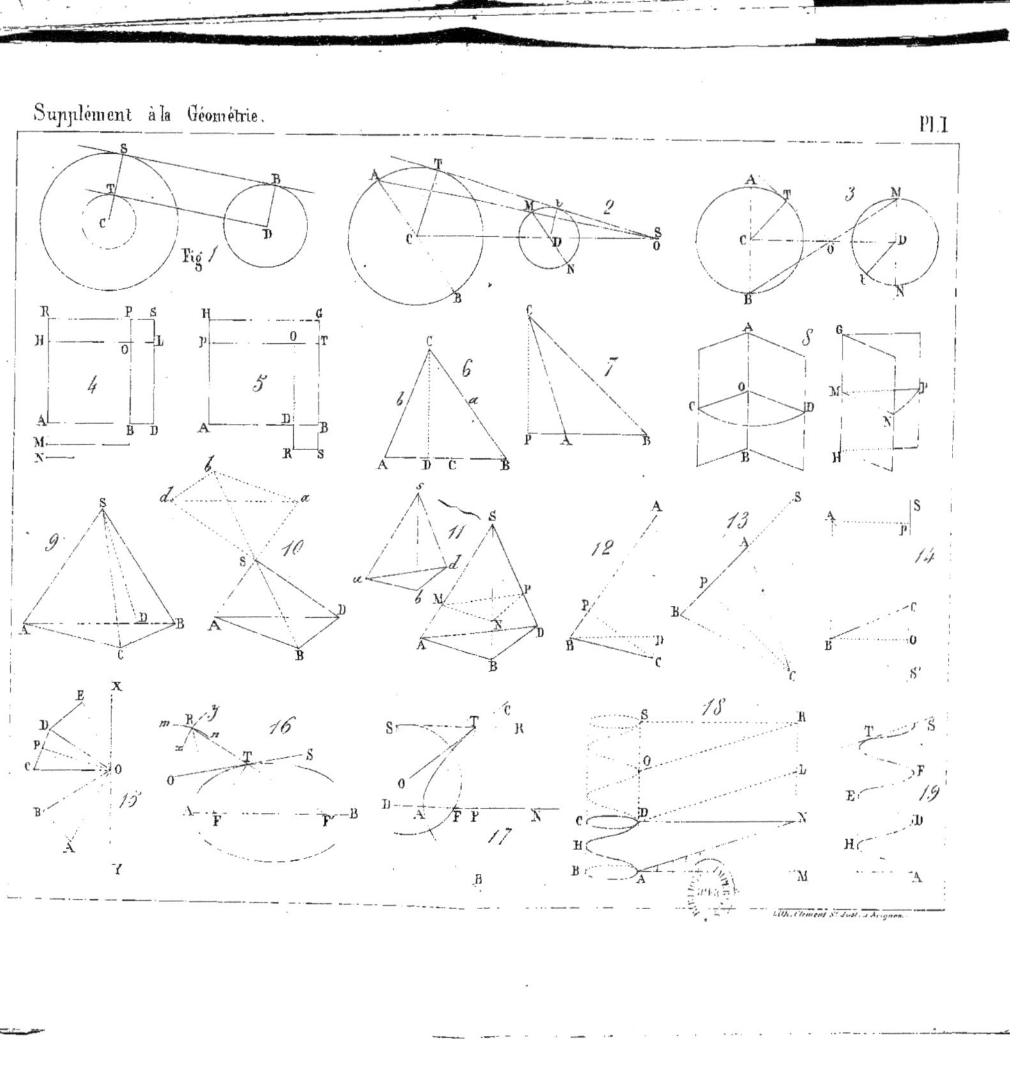


Lith. Clement St Just à Avignon.